繪本 0258

乖乖坐馬桶

文．圖｜陳致元
責任編輯｜黃雅妮、陳毓書　美術設計｜林家蓁　改版設計｜王瑋薇　行銷企劃｜陳詩茵
天下雜誌群創辦人｜殷允芃　董事長兼執行長｜何琦瑜
媒體暨產品事業群
總經理｜游玉雪　副總經理｜林彥傑　總編輯｜林欣靜
行銷總監｜林育菁　副總監｜蔡忠琦　版權主任｜何晨瑋、黃微真

出版者｜親子天下股份有限公司 地址｜台北市 104 建國北路一段 96 號 4 樓
電話｜（02）2509-2800 傳真｜（02）2509-2462 網址｜ www.parenting.com.tw
讀者服務專線｜（02）2662-0332　週一～週五：09:00~17:30
讀者服務傳真｜（02）2662-6048
客服信箱｜ parenting@cw.com.tw

法律顧問｜台英國際商務法律事務所．羅明通律師
製版印刷｜中原造像股份有限公司
總經銷｜大和圖書有限公司　電話：（02）8990-2588
出版日期｜ 2017 年 5 月第一版第一次印行
2024 年 5 月第二版第七次印行
定 價｜ 280 元　書 號｜ BKKP0258P　ISBN ｜ 978-957-503-654-6（精裝圓角）

乖乖坐馬桶

星期一，

媽媽在馬桶上放了一個小馬桶。

乖乖最近開始練習自己

坐在小馬桶上尿尿。

乖乖穿上可愛的小內褲，

說：「我是小姐姐。」

媽媽在時鐘上貼了
兩張小馬桶貼紙。
媽媽說：「長長的針走到
小馬桶的時候， 乖乖就要
去坐小馬桶。」
乖乖大聲的說：「好！」

乖乖堆積木，

媽媽說：

「長長的針走到

小馬桶囉。」

乖乖坐上小馬桶。

媽媽唸著尿尿魔法：
「噓—— 噓—— 噓—— 噓——」
「噓—— 噓—— 噓—— 噓——」

乖乖說：

「沒有尿尿。」

媽媽說：「沒關係，

沒關係，我們等一等。」

乖乖洗好手，
玩娃娃。
啊——
乖乖尿尿了。

媽媽說：「沒關係，沒關係，
換新褲子，我們等下一次。」

長長的針快要走到小馬桶。
媽媽說：「乖乖， 坐小馬桶
的時間到囉。」
乖乖說：「等一等， 我要載
小象、 小河馬和小熊去
公園玩。」

糟糕，乖乖突然好想尿尿，
哇——
尿出來了。

乖乖說：「我的小內褲溼了。」
媽媽說：「沒關係，沒關係，
換新褲子，我們等下一次。」

星期三，
乖乖推著小推車，
發現時鐘上長長的針
走到小馬桶了。

12 1 2 3 4 5 6 7 8 9 10 11

乖乖放下小推車，

慢慢走進廁所，坐上小馬桶。

乖乖唸著尿尿魔法：

「噓——噓——噓——噓——」

「噓——噓——噓——噓——」

尿出來了！

乖乖好開心，

媽媽說：「乖乖長大，

會自己尿尿了。」

尿尿完， 乖乖把手洗乾淨。

乖乖是最棒的小姐姐。

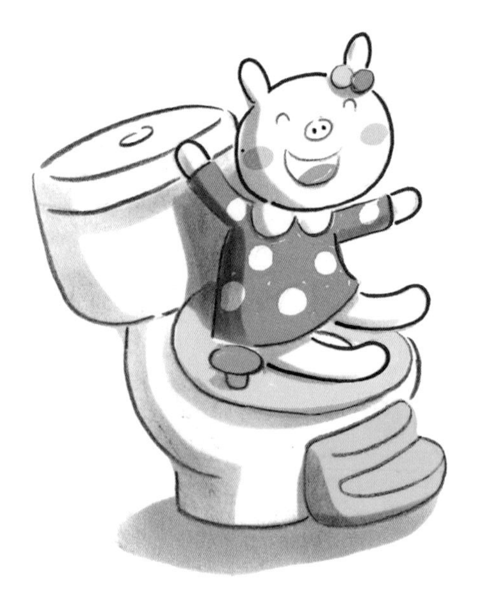

乖乖會自己做

我會自己坐馬桶。

我會自己摺衣服。

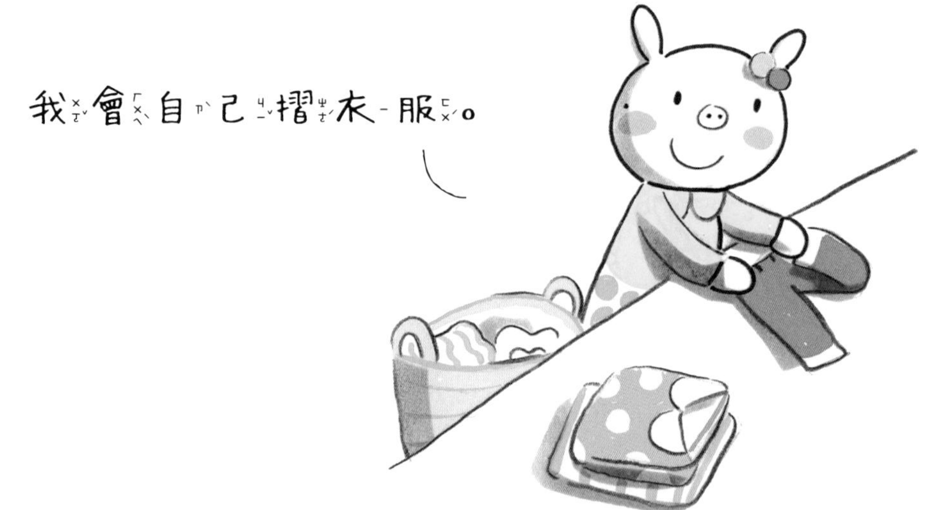

我會自己洗杯子。

我會自己刷牙。